机器人，你好！
机器人如何移动

[美] 威廉·D.亚当斯　著

黎雅途　译

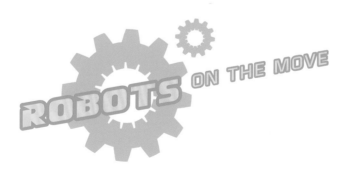

 中国出版集团

世界图书出版公司

WORLD BOOK

机密档案 III

- **机器人有哪些移动方式？**

   有的机器人靠轮子和履带移动，有的机器人靠腿行走，还有的机器人会飞、会潜水……

- **机器人认识路吗？**

   有的机器人可以感应带磁性或特殊颜料的胶带，沿着固定的路线行驶；有的机器人会使用即时定位与地图构建技术，不断扫描周围环境，自己绘制地图……

Robots: Robots on the Move

©2019 World Book, Inc. All rights reserved. This book may not be reproduced in whole or part in any form without prior written permission from the Publisher.

目 录
Contents

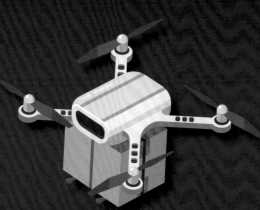

术语表的词汇在正文中
首次出现时为黄色。

机器人为什么需要移动

如果你哪儿都去不了，只能待在原地，你所需要的一切——食物、娱乐工具和学习用品，只能等别人送到你面前。一开始你可能觉得很开心，但是很快你就会变得无聊。幸运的是，在现实生活中，你想去哪里就去那里，想拿什么东西就拿什么东西，主动选择，无须等待。

同样，机器人也不能固定在一个地方，它们需要动起来。可以移动的机器人能执行各种各样的任务：在工厂中搬运货物，在宇宙中探索星球……在不久的将来，机器人还可以给人类开车或照顾人类。

这本书将向你介绍各种各样的移动机器人，这些移动机器人的工作原理和需要克服的技术难点。

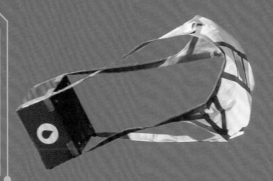

　　总有一些人类无法完成或很难完成的任务，这时移动机器人就派上了用场。Zipline 公司利用无人机向交通不便的地区运送输血设备，拯救生命。

移动机器人

　　不是所有机器人都需要移动，很多机器人只需要固定在一个地方执行任务。如果工作的地点是结构化环境，工业机器人需要处理的产品由传送带送到它的面前。

　　图中就是固定在一个地方工作的机器人，这些工业机器人虽然不能移动，但非常有用。

>>>>>

在结构化环境中工作的工业机器人不能移动，所以需要可以移动的机器人把东西送过来；在更复杂环境中工作的机器人，需要探索陆地、海洋，甚至其他星球……大部分机器人必须四处移动才能完成任务。

即便困难重重，移动机器人总能顺利完成任务，不让你失望！

移动机器人比固定机器人需要面对的难题多得多。固定机器人只需要完成工作范围内的任务；而移动机器人首先要找到任务的所在地，然后找出前往目的地的最佳路线和方式，并时刻关注周围环境。

每个机器人都有驱动器和末端执行器，移动机器人至少有一个驱动器为末端执行器提供动力。大部分移动机器人的末端执行器是轮子或履带，轮子可以使移动机器人在平整的地面上快速、灵活地移动，履带更适合需要抓地力的地面，轮子一般比履带便宜，也更容易维护。

这个机器人利用履带移动，在任何表面上都有很好的抓地力。

<<<<

有了这 3 个全向轮，机器人就可以实现全方位的移动。全向轮的主体是一个大型中心轮，在中心轮周边有很多小型滚轮。全向轮的中心轮与普通轮子一样，可以绕中心轴旋转，而周边的小型滚轮可以使全向轮沿平行于中心轴的方向旋转。

全向轮是一种特殊的轮子，可以让机器人前后左右移动，还可以让机器人"自转"。传统的轮子通过摩擦力移动，如果机器人需要改变移动方向，轮子也要转到相同的方向。而全向轮不一样，轮子即使与要移动的方向垂直，也不妨碍机器人移动。这是全向轮的优点，但当机器人需要抓地力的时候，这就是全向轮的缺点了。

自动导引车

当今最常见的移动机器人是自动导引车（英文缩写为"AGV"）。自动导引车一般在仓库和工厂这样的结构化环境中工作，沿固定路线搬运物体。自动导引车的外形取决于要搬运的物体的重量，大部分自动导引车是按照标准的运输托盘（100 cm×120 cm）设计的。

"收到，这就去！"

这辆自动导引车正在仓库里运送罐头。

>>>>

工厂里使用的自动导引车有牵引车、自动叉式升降机和夹具运输车。牵引车有好几辆车那么长，可以拖动成吨的货物；与有人驾驶的叉式升降机一样，自动叉式升降机的长叉子能伸到几米以外的货物托盘下，然后举起托盘，运送到其他地方；夹具运输车装有特殊的夹爪，可以抓握没有运输托盘的货物（比如大卷纸张、金属等）。

这辆夹具运输车正在运输大卷纸张。

自动导引车的导航方式

自动导引车的导航方式有很多种。早期的自动导引车通过埋在地下的金属导线导航，人们会在地下埋好金属导线，通电之后这些金属导线会向外发射电波，自动导引车可以感知电波，然后沿着金属导线移动。现在，很多自动导引车可以感应带磁性或特殊颜料的胶带，这种胶带比埋在地下的金属导线更容易安装。

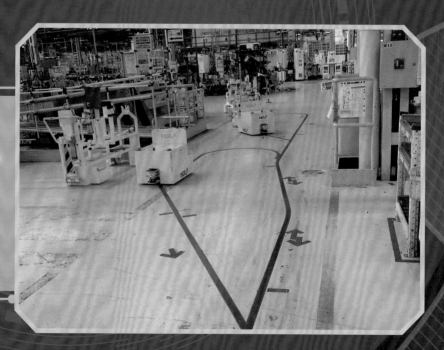

沿着胶带走！

　　自动导引车正在沿着地面上贴着的胶带行驶。

>>>>

如果还想有更好的灵活性，我们可以在自动导引车上安装更复杂的导航系统——激光导航系统。激光是一种集中度很高的光源，自动导引车上的激光器会发出一束或多束激光，这些激光从仓库中安装的特殊反射器上反射回来，被自动导引车接收。自动导引车会利用这些信息和内存中储存的仓库地图，分析出自己所在的位置。

激光导航
叉式升降机

这是一种自动叉式升降机，通过激光导航系统定位。

生活中的自动导引车

主题公园的魔鬼列车、黑暗骑乘等室内游乐项目也会用到自动导引车。以前，游客坐上履带式小车，沿着布置了特效（比如突然刹车弹出的电动玩偶、大屏幕上突然出现的动画等）的固定轨道前进。2000 年，履带式小车换成自动导引车，黑暗骑乘变得更加灵活有趣。游客可以自行选取游玩路线，自动导引车根据游客选择的路线行驶，带游客体验不一样的特效。现在，黑暗骑乘受到了更多人的喜爱。

在 20 世纪 90 年代，一些大型办公楼会用自动导引车送信件。各个办公桌附近都有停站点，自动导引车沿着设定好的路线行驶，停靠在指定的停站点，停一会儿后，自动导引车又前往下一个停站点。随着电子邮件的兴起，这些自动导引车慢慢下岗了。

神奇之旅

　　自动导引车正带着乘客游览"企鹅之家"——这是奥兰多海洋世界的一个项目，名为企鹅王国。自动导引车的终点站是企鹅馆，游客可以在那里下车观赏真的企鹅。

行走的机器人

轮子和履带都无法让机器人爬楼梯。为了让机器人更好地为我们服务，也为了让机器人看起来更像人类，工程师给机器人装上了可以四处走动的腿。说不定，将来双足机器人还能帮人类拿东西或送餐呢！

有些工程师给机器人安装了四条腿，甚至六条腿。一般的六足机器人至少有三只脚着地，不容易跌倒，但是这些机器人仍然无法战胜它们的劲敌：楼梯。

四足机器狗 SpotMini

四足机器狗 SpotMini 是由谷歌旗下的波士顿动力公司研发的。SpotMini 不仅不怕爬楼梯，还可以在各种障碍物上爬行。

>>>>

用双脚走路是很困难的事情。当你快速地大步向前走时，如果突然停下，你很容易摔倒。平时你没有摔倒，是因为你已经做好了准备。在行走过程中，我们会调整自己的身体，而这些调整根本不需要思考，甚至我们根本意识不到。对机器人来说，一边迈步一边调整，需要一个超级计算机进行复杂的计算，还需要很多驱动器帮忙。过去，如果踩到东西，或被绊一下，机器人就很容易摔倒，但是，现在的双足机器人已经取得了技术性突破。

宇航员的最佳拍档——机器人

机器人非常适合执行太空任务，美国国家航空航天局（简称为"NASA"）设计的机器人宇航员女武神，既可以跟人类宇航员一起完成太空工作，也可以单独探测环境。

>>>>

"你好，我叫

阿特拉斯！"

阿特拉斯是世界上最先进的人形机器人之一。即使有人推阿特拉斯，它也能保持平衡；在摔倒后，阿特拉斯还能自己重新站起来……这些对人类来说不算什么，却是双足机器人领域的一大步！技术还在不断进步，也许有一天，阿特拉斯可以进入灾区进行救援行动，也可以帮助我们预防灾难的发生。

自主性

低

阿特拉斯还在研发改进中，工程师还没有给它编写复杂程序。

大小

高 1.5 米，重 75 千克。

制造商

阿特拉斯由美国波士顿动力公司制造。

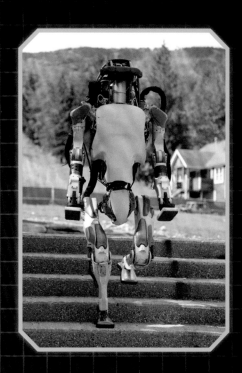

"我一点儿都不生气！"

波士顿动力公司经常在网站上发一些视频，视频里工程师不断地"刁难"阿特拉斯。工程师有时拿东西绊阿特拉斯，有时大力推阿特拉斯，还有时把阿特拉斯的夹爪里的东西打下来……可是阿特拉斯一点儿都不生气——因为它没有情感。通过这些视频，波士顿动力公司向人们展示了阿特拉斯可以应对突发事件。

飞行机器人

机器人不仅能在地上走动，还能在天上飞。飞行机器人不用应对各种复杂的地形，只需要考虑自身的重量。飞行机器人的重量越大，飞行时消耗的能量越多，飞过障碍物的困难也越大。

与在地面活动的机器人相比，飞行机器人需要更强大的计算能力。只在地上跑来跑去的话，机器人不需要担心上下方的物体，而飞行机器人就要考虑这些。虽然在空中飞行遇到的障碍物较少，只有鸟类、昆虫等，一旦遇上，风险却会成倍增加。这些障碍物的飞行速度很快，飞行机器人必须以闪电般的速度完成计算，然后避开。

"我们不会堵车！"

波音等几家公司正在研制无人驾驶客机，完成短途的乘客运送。这些无人驾驶客机将会彻底改变市内交通。

全自动还是人类遥控？

　　天空上已经有很多无人驾驶的飞行器飞来飞去了，这些飞行器通常被称为无人驾驶飞机（简称"无人机"，英文缩写为"UAV"）。无人机可以研究气象、检查农作物、帮山地自行车的骑手录像……军队甚至可以使用大型的无人机携带武器攻击敌人。但是很少有全自动的无人机，这些无人机往往由附近的人类控制。

　　人类遥控无人机可以说是一举两得——人类既可以躲在远处避免受伤，又可以做重要的决策。无人机下一步需要解决的问题就是——在信号无法到达的地方，或一群机器人才能完成任务的地方，该如何遥控。

无人机——天空之眼

一个仓库的工人正在使用无人机检查放在货架高处的货物。

无人机的用途

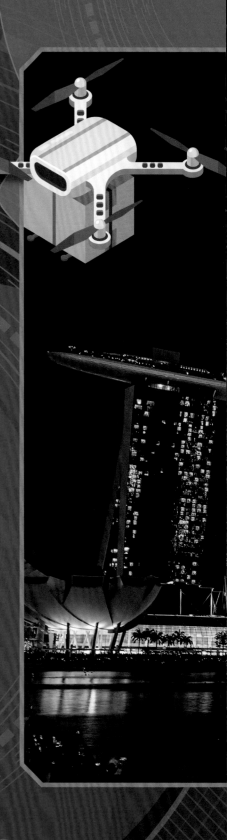

精美绝伦的灯光秀充分展示了无人机群的潜力，无人机的表演让全世界的观众都叹为观止。成千上万的、小型发光的无人机在空中飞舞，共同拼成人类精心设计的图案。与室外表演相比，室内表演很少用到无人机。

无人机还可以监督施工，会在施工现场盘旋，不断传回图像，根据这些图像，人们可以向地面机器人发送指令，指导机器人挖洞、堆土丘、填沟壑。无人机还可以直接将小型包裹运送到家或公司，在不久的将来，无人机会承担更重要的任务。

不是玩玩而已

目前大部分无人机在娱乐表演中大放异彩，在不久的将来，无人机会参与实际工作，不仅仅是这些花里胡哨的表演。

海洋机器人

有的机器人还会到水下执行任务。通常，我们利用潜水设备和潜水艇执行水下任务，但这样做的风险大、成本高。自主式水下航行器通常装有螺旋桨，有的还有帆和像鱼鳍一样的装置，可以快速完成工作，降低风险。

有的自主式水下航行器被用来勘测海底，寻找石油、天然气等有用资源；有的自主式水下航行器负责检测海底电缆和管道是否完好……工程师设计了一种叫 RangerBot 的自主式水下航行器，用于巡逻澳大利亚的大堡礁。RangerBot 可以获取大堡礁的珊瑚情况、探测水质，控制棘冠海星（珊瑚的克星）的数量。

除了水下作业，机器人还能在水面上"乘风破浪"——运输公司正在尝试用自主航行集装箱船运载重型货物。在水面的机器人可以获得很多能源——太阳能、风能和潮汐能，这些能源几乎是源源不断的！

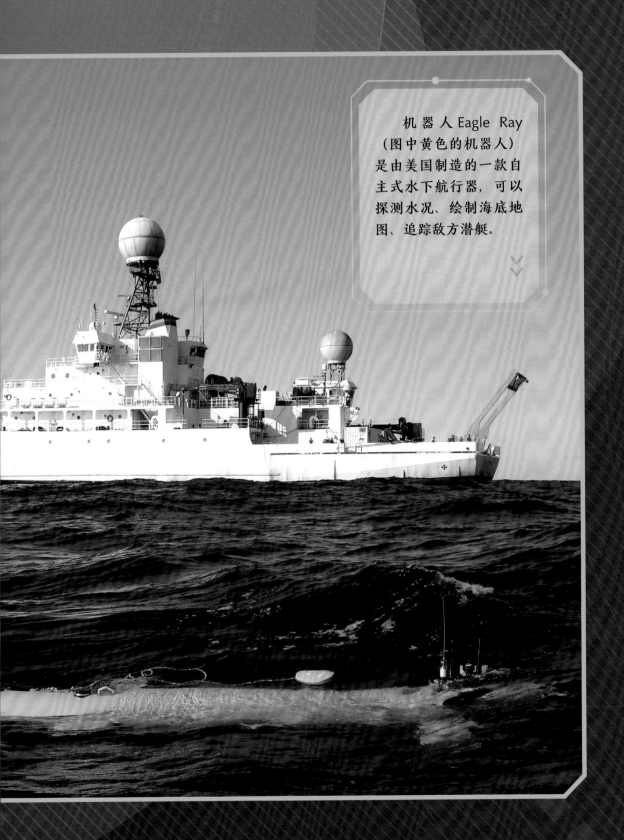

机器人 Eagle Ray
（图中黄色的机器人）
是由美国制造的一款自
主式水下航行器，可以
探测水况、绘制海底地
图、追踪敌方潜艇。

"你好，我是

波浪滑翔器！"

波浪滑翔器是一种新型海洋无人航行器，能在极端环境下工作。柔性线缆连接水面母船和水下牵引机，组成波浪滑翔器。波浪滑翔器可以在海上自动巡逻，关注外来船只入侵，还能获取海洋和气象信息。中国"黑珍珠"视觉智能波浪滑翔器具有定位准确、体积小巧等特点，可以实现 500 米内船只的探测和跟踪。

自主性

高

在没有人类的帮助下，波浪滑翔器可以执行数月的任务。

历史

大约在2004年，美国罗杰·海因等人利用声学方法，在跟踪、研究座头鲸的生活习性的过程中发明了波浪滑翔器。2007年，Liquid Robotics公司成立，开始研发和生产波浪滑翔器。

动力来源

波浪滑翔器采用太阳能和海浪发电。水面母船在海浪的作用下上下起伏，通过线缆拉拽水下牵引机产生上下运动，水下牵引机利用水翼将上下运动转换为向前推进，从而拉拽水面母船向前运动。

大小

水面母船长3米，水下牵引机长2米，线缆长4～7米。

移动机器人的定位

机器人想要在一个环境里走来走去，就需要了解周围的环境和自己的具体位置。

在结构化环境中，移动机器人只需要把工作区域的地图存储在内存中就可以了。机器人可以借助工作范围内的各种标记物（比如反射器、发射机），轻而易举地知道自己身处何方。

如果机器人不知道自己身在何处，该怎么移动？大部分机器人使用即时定位与地图构建技术（英文缩写为"SLAM"）。机器人通过传感器绘制周围的地图，然后朝最有可能到达目的地的方向移动。在移动过程中，机器人不断扫描周围环境，把信息添加到地图上，更新自己所处的位置信息。

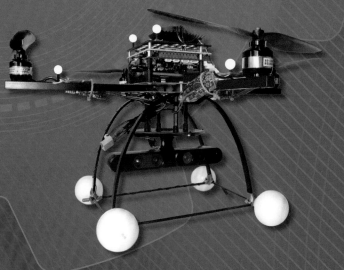

德国研究人员正在实验室内操纵一台简单的无人机。这台无人机装了摄像头，正利用即时定位与地图构建技术绘制实验室的环境图。

自动驾驶仪

现在的大型载人飞机都内置了类似机器人的自动化设备——自动驾驶仪。自动驾驶仪可以简化飞行员的工作，可以节省燃油，还可以保障乘客和机组人员的安全。不需要飞行员的干预，自动驾驶仪就能使飞机自行飞往目的地，并着陆。在飞行过程中，自动驾驶仪会对飞机不断微调，不仅能让飞机一直保持在航道上，还能使飞行更顺畅，更节省燃油。如果飞机降落时遇到特殊天气（比如浓雾），导致可见度很低，自动驾驶仪还可以让飞机直接降落，保障乘客和机组人员的安全。

现在，飞行员仍然负责起飞和大部分的降落工作，在遇到严重颠簸的时候，飞行员也会手动驾驶飞机。飞机制造公司已经在测试无人驾驶的飞机，这种飞机很快就会开始运送货物，接下来就开始运输乘客了。

谁在驾驶飞机呢？

当你乘坐飞机时，是谁在驾驶飞机呢？当飞机飞在空中，自动驾驶仪可能在驾驶飞机哟！

>>>>

自动驾驶汽车

自动驾驶汽车是机器人技术中发展较快的领域之一，这种技术很可能彻底改变我们的出行方式。

自动驾驶汽车内配置了一系列可以识别障碍物的传感器，其中最重要的是激光雷达。在激光雷达组件中，数十个激光器发出激光，照射到物体上的激光会反射，回到激光雷达组件，由接收器

激光雷达组件通常安装在自动驾驶汽车的顶部。图中是 Waymo 公司生产的自动驾驶汽车，从启动汽车开始，这辆车的激光雷达组件就开始旋转，不断地扫描周围的环境。

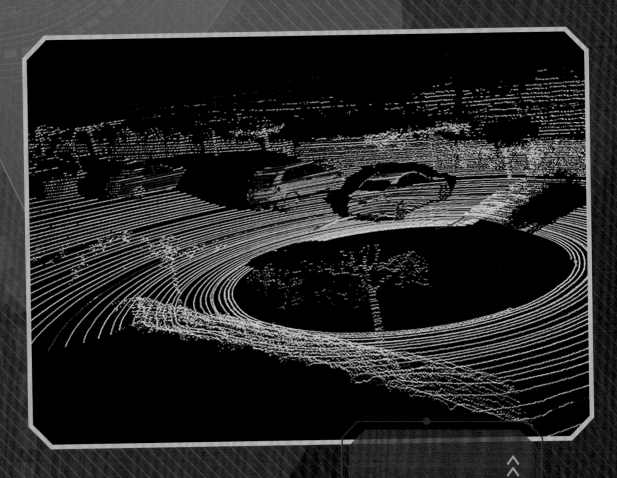

接收，接收器接收到的时间越长说明物体的距离越远。汽车上的计算机利用这个原理，根据时间的长短不断更新汽车周围的环境图。现在，激光雷达组件还非常昂贵，各大制造商都在争分夺秒，想要率先把价格降下来。

这幅图给我们展示了激光雷达扫描创建的图像。激光雷达组件位于黑色圆圈的中心，通过测量与周边物体的距离，显示出附近的地面、汽车和树的样子。

驾驶的自动化程度

现在很多汽车都有自动巡航系统，只要启动这个系统，司机不用一直踩着油门，汽车也会保持当前速度行驶；有的汽车还装有自动泊车系统，能自己停车，这个系统还可以自动刹车……这些汽车是自动驾驶吗？专家将汽车驾驶的自动化程度分为六个等级：

● 0级，自动化程度为零，由司机全程驾驶。

● 1级，自动化程度非常有限，几乎由司机全程驾驶，但汽车能控制方向、加速，在遇到紧急情况时汽车也能自动刹车。

● 2级，在司机一直观察路面情况下，汽车可以自行控制方向、加速和停车，大部分时间汽车仍由司机驾驶。

● 3级，在特定条件（比如在高速公路）下，汽车进行完全无人驾驶，但司机必须随时做好驾驶准备。

● 4级，在特定区域（比如城市）内汽车进行完全无人驾驶，离开这个区域后由司机驾驶。

● 5级，驾驶完全自动化，乘客在任何地方都可以撒手不管。

未来的汽车

过去，一边开车一边看书很容易引发交通事故。但在未来，我们坐在车上能完全放松，汽车可以带我们到目的地。

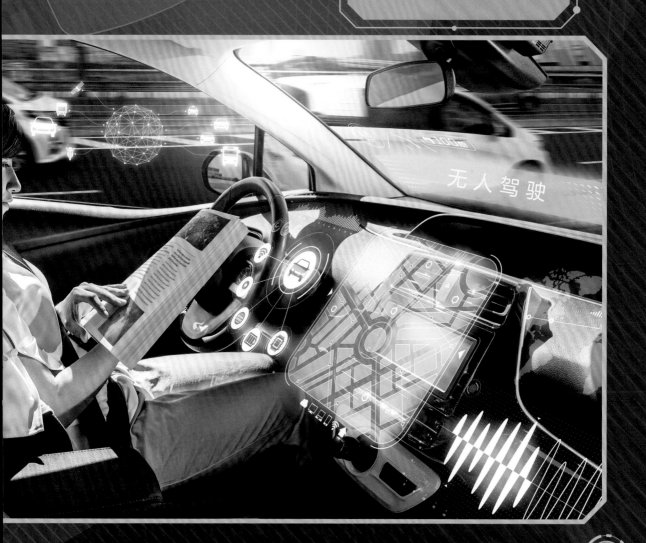

无人驾驶

自动驾驶汽车的发展

自动驾驶汽车有两种不同的发展方式：循序渐进式和速战速决式。如果是以循序渐进的方式发展自动驾驶汽车，汽车制造商会增加各种提升安全和便利的技术，并提高了汽车驾驶的自动化程度。举个例子，大部分汽车的驾驶自动化程度是 1 级，有的公司已经制造出驾驶自动化程度是 2 级和 3 级的汽车。以这种节奏发展，汽车的自动化程度会越来越高，但可能要等好多年，我们才能制造出完全自动化驾驶的汽车。

如果以速战速决的方式发展自动驾驶汽车，直接生产驾驶自动化程度极高（比如达到 4 级或 5 级）的汽车。这种自动化程度极高的汽车内部可能只有一个对着人脸的镜头，没有方向盘、踏板或仪表盘。

美国的特斯拉公司正逐步发展自动化驾驶技术——上了高速公路后汽车可以自动驾驶，而司机只要时刻关注、随时准备接替驾驶即可。

>>>>

这两种发展方式都各有优缺点。以循序渐进式发展自动化驾驶技术会使我们更容易接受，司机还是需要考取驾驶本才能上路，汽车的样子与今天的差不多，买车的方式也差不多。但是这种发展方式没有考虑不会开车或没钱买车的人，还有的专家认为这种发展方式会使司机放松警惕，过于信任汽车，在需要关注路况的时候分神，注意不到危险。

以速战速决式发展自动化驾驶技术的话，就不存在人类容易分神的问题了。在完全自动化驾驶的汽车里，乘客可以读书、睡觉，与别人聊天……但是这种完全自动驾驶汽车的造价和日常维护费非常昂贵，很多人无法负担，特别在汽车刚上市的时候。汽车公司也许只能出租自动驾驶汽车，这样，不会驾驶或买不起的人，也可以使用自动驾驶汽车了。

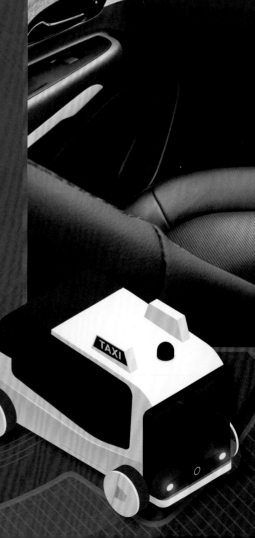

"哇，不用手也能
开车！"

以速战速决式发展自动化
驾驶技术，汽车将不再需要司
机。这是通用汽车公司的自动
驾驶汽车内部概念图，车里没
有方向盘和刹车。

机器人面临的挑战：

什么阻碍了自动驾驶汽车的发展

自动驾驶汽车可能彻底改变我们的世界，这些变化也带来了严峻的问题，第一个问题就是交通事故和责任归属。如果自动驾驶汽车撞到路人，谁应该承担责任？车主？汽车制造商？还是给汽车编程的程序员？对于这个问题，特斯拉公司表示，如果汽车出了事故，他们将承担责任。

另外一个问题是自动驾驶汽车是否应该优先考虑乘客的安全。自动驾驶汽车是否应该不惜一切代价保护乘客？还是为了避开路人或其他汽车伤害乘客？

最后一个问题是谁将受益于自动驾驶汽车？如果不需要自己驾驶，人类会频繁使用汽车，加剧交通拥堵和环境污染。在发达国家，人们真正受惠于自动驾驶汽车；在落后国家，路况不好，交通法规也不完善，自动驾驶汽车在很多年后才能真正进入人们的生活。

自动驾驶汽车会缓减还是加剧交通拥堵呢？

机器人竞赛

美国国防部高级研究计划局是一个致力于技术创新和推广的美国政府组织。在 21 世纪后期，美国国防部高级研究计划局开始组织竞赛，其中包括与机器人移动相关的难题。

美国国防部高级研究计划局举办了 2004 年和 2005 年的"大挑战"机器人车辆竞赛，以及 2007 年的自动驾驶城市挑战赛。2004 年，美国国防部高级研究计划局为保证军队人员的安全，希望美国军用车辆也能使用自动化驾驶技术，

图中是 2015 年"大挑战"机器人车辆竞赛的决赛现场，这个双足机器人正在努力走完赛道。

但此时很多大公司对自动
驾驶汽车都不感兴趣。于
是，美国国防部高级研究
计划局举办了一个面向所
有人的比赛，但是没有队
伍能够完成比赛。

2005 年，美国国防
部高级研究计划局又组织
了一次比赛，推动了自动
驾驶汽车行业的诞生。在
一次次的比赛中，激光雷
达展现出了真正的优势，
很多参赛的人也成了自动
驾驶汽车行业举足轻重的
人物。

5 辆自动驾驶汽车完成了
2005 年的"大挑战"机器人车
辆竞赛，机器人 Sandstorm（上
图）得了第二名，用了七个多
小时就跑完了全程（212 千米
的赛道）。不是所有汽车都能
完成这个比赛的，机器人 Spirit
（下图）就陷入沙地走不动了。

2013 年和 2015 年，
美国国防部高级研究计划
局还组织了机器人挑战赛，
邀请工程师设计可以完成
复杂任务的机器人。

术语表

移动机器人：可以移动的机器人。

履带：围绕在拖拉机、坦克等车轮上的钢质链带。

抓地力：轮胎与地面的摩擦力，使物体在移动过程中不会打滑。

全向轮：一种特殊的轮子，主体是一个大型中心轮，在中心轮周边有很多小型滚轮。

自动导引车：英文缩写为"AGV"，一种移动机器人，可以沿着电线、胶带等运送货物或人类。

激光导航系统：一种新兴导航应用技术，机器人上的激光器会发出一束或多束激光，这些激光从特殊的反射器上反射回来，被机器人接收。机器人利用这些信息和内存中储存的地图，分析出自己所在的位置。

激光：一种集中度很高的光源。

反射器：一种利用反射定律工作的装置。

双足机器人：一种仿生类型的机器人，能够实现机器人的双足行走和相关动作。

发射机：将信号按一定频率发射出去的装置。

即时定位与地图构建技术：英文缩写为"SLAM"，机器人通过传感器绘制周围地图，然后朝最有可能到达目的地的方向移动。在移动过程中，机器人不断扫描周围环境，把信息添加到地图上，更新自己所处的位置信息。

致谢

本书出版商由衷地感谢以下各方：

Cover　　© Kirill Makarov, Shutterstock

4-5　　　© Zipline

6-7　　　© Andrei Kholmov, Shutterstock; © Jenson/Shutterstock

8-9　　　© SuperDroid Robots; © Science Photo/Shutterstock

10-11　　© E&K Automation; AGV Expert JS (licensed under CC BY-SA 3.0)

12-13　　© INDEVA; © Andrey Rudakov, Bloomberg/Getty Images

14-15　　© SeaWorld

16-17　　© Boston Dynamics; NASA

18-19　　© Boston Dynamics

20-21　　© Boeing

22-23　　© Half Point/Shutterstock

24-25　　© F11 Photo/Shutterstock

26-27　　Elizabeth Crapo, NOAA Corps

28-29　　© Liquid Robotics

30-31　　© University of Tübingen

32-33　　© ID1974/Shutterstock

34-35　　© Waymo; © Velodyne LIDAR

36-37　　© Metamorworks/Shutterstock

38-39　　© Jasper Juinen, Bloomberg/Getty Images

40-41　　© General Motors Corporation

42-43　　© 1000 Words/Shutterstock

44-45　　John F. Williams, U.S. Navy; © Vaughn Youtz, ZUMA Press/Alamy Images

索引